上海市工程建设规范

建筑隔热涂料应用技术标准

Technical standard for application of thermal insulating coatings on building surface

DG/TJ 08—2200—2024

J 13430—2024

主编单位:上海市建筑科学研究院有限公司
      上海市绿色建筑协会
批准部门:上海市住房和城乡建设管理委员会
施行日期:2024 年 7 月 1 日

同济大学出版社

2024 上海

图书在版编目(CIP)数据

建筑隔热涂料应用技术标准 / 上海市建筑科学研究
院有限公司,上海市绿色建筑协会主编. —上海:同济
大学出版社,2024.7
　　ISBN 978-7-5765-1166-6

　　Ⅰ.①建… Ⅱ.①上… ②上… Ⅲ.①建筑材料-隔
热材料-建筑涂料-技术标准-上海 Ⅳ.①TU5-65

中国国家版本馆 CIP 数据核字(2024)第 105381 号

建筑隔热涂料应用技术标准

上海市建筑科学研究院有限公司
上海市绿色建筑协会　　　　　主编

责任编辑　朱　勇
责任校对　徐春莲
封面设计　陈益平

出版发行　同济大学出版社　　www.tongjipress.com.cn
　　　　　(地址:上海市四平路 1239 号　邮编:200092　电话:021-65985622)
经　　销　全国各地新华书店
印　　刷　浦江求真印务有限公司
开　　本　889mm×1194mm　1/32
印　　张　1.875
字　　数　47 000
版　　次　2024 年 7 月第 1 版
印　　次　2024 年 7 月第 1 次印刷
书　　号　ISBN 978-7-5765-1166-6
定　　价　20.00 元

上海市住房和城乡建设管理委员会文件

沪建标定〔2024〕114 号

上海市住房和城乡建设管理委员会关于批准 《建筑隔热涂料应用技术标准》为 上海市工程建设规范的通知

各有关单位：

由上海市建筑科学研究院有限公司、上海市绿色建筑协会主编的《建筑隔热涂料应用技术标准》，经我委审核，现批准为上海市工程建设规范，统一编号为 DG/TJ 08—2200—2024，自 2024 年 7 月 1 日起实施。原《建筑反射隔热涂料应用技术规程》（DG/TJ 08—2200—2016）同时废止。

本标准由上海市住房和城乡建设管理委员会负责管理，上海市建筑科学研究院有限公司负责解释。

上海市住房和城乡建设管理委员会

2024 年 3 月 7 日

前　言

根据上海市住房和城乡建设管理委员会《关于印发〈2021年上海市工程建设规范、建筑标准设计编制计划〉的通知》（沪建标定〔2020〕771号）的要求，由上海市建筑科学研究院有限公司和上海市绿色建筑协会会同有关单位，在参考国内外相关标准，结合原规程近5年的应用实践及行业现状，并反复征求意见的基础上，完成本标准的修订。

本标准的主要内容有总则、术语、材料、设计、施工、质量验收。

本次修订的主要内容有：

1. 修订标准名称为《建筑隔热涂料应用技术标准》。

2. 修订建筑反射隔热涂料的隔热性能技术指标和热工设计。

3. 新增热辐射阻隔涂料的材料性能技术指标、设计、施工及质量验收要求。

各单位及相关人员在本标准执行过程中，如有意见和建议，请反馈至上海市住房和城乡建设管理委员会（地址：上海市大沽路100号；邮编：200003；E-mail：shjsbzgl@163.com），上海市建筑科学研究院有限公司（地址：上海市申富路568号；邮编：201108；E-mail：xiawenli@sribs.com），上海市建筑建材业市场管理总站（地址：上海市小木桥路683号；邮编：200032；E-mail：shgcbz@163.com），以供今后修订时参考。

主 编 单 位：上海市建筑科学研究院有限公司

上海市绿色建筑协会

主要起草人：杨　霞　夏文丽　范宏武　徐　强　张　俊

徐　颖　钟　巍　仲小亮　徐金枝　陈兴生

　　　　　孟　运　　王亚军　　宋莹莹　　胡恒盛　　张惠明
　　　　　周琪森　　蔡耀武　　宋　凯　　冷云章　　林　志
　　　　　张秦铵　　林金斌　　王世忠　　刘　倩　　童　飞
　　　　　胥元华　　顾仁华　　陶勤练　　厉峻超　　潘长铭
　　　　　朱耀辉　　李建龙　　殷　健
主要审查人：王君若　　林丽智　　曹毅然　　沈孝庭　　周　东
　　　　　李珊珊　　王　磊

上海市建筑建材业市场管理总站

目　次

Contents

1 总　则

1.0.1　为规范建筑隔热涂料应用,提高围护结构隔热保温性能,改善室内热环境,有效降低建筑能耗,制定本标准。

1.0.2　本标准适用于建筑外墙隔热保温工程中使用建筑隔热涂料的设计、施工与质量验收。

1.0.3　建筑隔热涂料在建筑外墙隔热保温工程中的应用,除应执行本标准外,尚应符合国家、行业和本市现行有关标准的规定。

2 术 语

2.0.1 建筑隔热涂料 thermal insulating coatings on building surface（简称"隔热涂料"）

能有效降低建筑能耗的功能涂料，包括热辐射阻隔涂料和反射隔热涂料。

2.0.2 热辐射阻隔涂料 thermal radiation barrier coatings

以气凝胶微粉、纳米介孔氧化物微粉或纳米陶瓷微粉等为主要功能材料制备，施涂于建筑物表面、具有中远红外发射率高等特点的隔热保温涂料。一般由面漆和中涂漆组成。

2.0.3 反射隔热涂料 solar reflective insulation coatings

以合成树脂乳液、功能性颜填料及助剂等配制而成，施涂于建筑物外表面，在相同明度下具有较高太阳光反射比和半球发射率的隔热涂料。按装饰特点可分为平涂型反射隔热涂料及质感型反射隔热涂料。

2.0.4 平涂型反射隔热涂料 solar heat reflecting insulation flat top coatings

施涂后涂层表面装饰效果呈现平整且颜色均匀一致的反射隔热涂料。

2.0.5 质感型反射隔热涂料 solar heat reflecting insulation textured top coatings

施涂后涂层表面装饰效果呈现非均一颜色或立体造型的反射隔热涂料。

2.0.6 附加热阻 additional thermal resistance

表征热辐射阻隔涂料节能贡献的参数。通过分别测得试验基墙的传热系数 K_0、试验基墙施涂热辐射阻隔涂料后的传热系数 K_i，换算成热阻，两个热阻之间的差值作为热辐射阻隔涂料的附加热阻。

3 材　料

3.1　一般规定

3.1.1 隔热涂料和底漆有害物质限量应符合表 3.1.1 的规定。腻子有害物质限量应符合现行国家标准《建筑用墙面涂料中有害物质限量》GB 18582 的规定。

表 3.1.1　隔热涂料和底漆的有害物质限量的技术指标

项目		指标	试验方法
VOC 含量(g/L)		≤70	GB 18582—2020 第 6.2.1.1、6.2.1.2 条
甲醛含量(mg/kg)		≤40	GB/T 23993
苯系物总和含量(mg/kg)〔限苯、甲苯、二甲苯(含乙苯)〕		≤80	GB/T 23990—2009 B 法；计算按照 GB/T 23990—2009 第 9.4.3 条进行
总铅(Pb)含量(mg/kg)		≤45	GB/T 30647
可溶性重金属含量(mg/kg)	镉(Cd)含量	≤45	GB/T 23991
	铬(Cr)含量	≤40	
	汞(Hg)含量	≤40	
烷基酚聚氧乙烯醚总和含量(mg/kg)〔限辛基酚聚氧乙烯醚〔C_8H_{17}—C_6H_4—$(OC_2H_4)_nOH$,简称 OP_nEO〕和壬基酚聚氧乙烯醚〔C_9H_{19}—C_6H_4—$(OC_2H_4)_nOH$,简称 NP_nEO〕,$n=2\sim16$〕		≤500	GB/T 31414

注:所有项目均不考虑水的稀释配比

3.1.2 配套使用的底漆、腻子应与隔热涂料相容,相容性技术指

— 3 —

标应符合表 3.1.2 的规定。

表 3.1.2 配套材料与隔热涂料相容性技术指标

涂层系统	项目	技术要求	试验方法
复合涂层 （腻子＋底漆＋ 隔热涂料）	涂膜外观	无起泡、无开裂、无掉粉、 无脱落	JGJ/T 359—2015 附录 A
	耐水性(96 h)	无起泡、无起皱、无开裂、 无掉粉、无脱落、无明显 变色	
	耐冻融循环性 (5 次循环)		

注:热辐射阻隔涂料的养护时间为 14 d。

3.1.3 隔热涂料、底漆以及腻子的包装应符合现行国家标准《涂料产品包装通则》GB/T 13491 的规定,并应注明生产厂家、生产地址、产品型号、生产日期、产品标准、保质期等。反射隔热涂料的包装还应注明明度值、太阳光反射比和污染后太阳光反射比。

3.1.4 隔热涂料、底漆贮存时应保证通风、干燥,防止日光直接照射且冬季贮存温度不宜低于5℃。

3.1.5 隔热涂料、底漆以及腻子应在保质期内使用。

3.2 热辐射阻隔涂料

3.2.1 热辐射阻隔涂料面漆应符合上海市工程建设规范《建筑墙面涂料涂饰工程技术标准》DG/TJ 08—504—2021 表 3.2.2 和第 3.2.3 条的规定。

3.2.2 热辐射阻隔中涂漆除应符合国家标准《建筑用反射隔热涂料》GB/T 25261—2018 中表 4 的规定外,尚应符合表 3.2.2 的规定。

表 3.2.2　热辐射阻隔中涂漆的技术指标

项目		指标	试验方法
粘结强度a(MPa)		≥0.60	JG/T 24
柔韧性		直径 100 mm 无裂纹	GB/T 1731
密度(g/mL)		≤0.6	GB/T 6750
导热系数b(25℃) [W/(m·K)]		≤0.046	GB/T 10295 或 GB/T 10294
垂直辐射率		≥0.99	GB/T 2680
附加热阻 [(m²·K)/W]	Ⅰ级	≥0.36	GB/T 13475,试验条件 见本标准附录 B
	Ⅱ级	≥0.24,<0.36	

注:a 可根据产品设计配套底漆和面漆进行测试。
　　b 导热系数试件厚度为 10 mm ～15 mm,试件制备时宜控制单道湿膜厚度为
　　2 mm,试件测试前应在(50±2)℃下干燥至恒定质量(恒定质量指 24 h 两次称
　　量试件质量变化率小于 1%)。

3.3　反射隔热涂料

3.3.1　平涂型反射隔热涂料除应符合相关产品标准的规定外,
隔热性能尚应符合表 3.3.1 的规定。

表 3.3.1　平涂型反射隔热涂料技术指标

项目	指标				试验方法
	明度值 L^* 范围				
	$L^* \geqslant 95$	$95>L^* \geqslant 80$	$80>L^* \geqslant 70$	$70>L^* \geqslant 60$	
太阳光反射比,≥	0.85	$L^*/100-0.15$			GB/T 25261
近红外反射比,≥	0.80		$L^*/100$		
污染后太阳光反射比,≥	0.70	0.58	0.50	0.42	
半球发射率,≥	0.85				

注:隔热性能应根据产品设计采用配套底漆、面漆和罩面漆等复合涂层进行检测。

— 5 —

3.3.2 质感型反射隔热涂料除应符合相关产品标准的规定外，隔热性能尚应符合表 3.3.2 的规定。

表 3.3.2 质感型反射隔热涂料技术指标

项目	指标			试验方法
	明度值 L^* 范围			
	$L^* \geqslant 85$	$85 > L^* \geqslant 70$	$70 > L^* \geqslant 60$	
太阳光反射比，$\geqslant$	$L^*/100 - 0.15$			GB/T 25261，试验条件见本标准附录 A
近红外反射比，$\geqslant$	0.75	$L^*/100 - 0.10$		
污染后太阳光反射比，$\geqslant$	0.58	0.50	0.40	
半球发射率，$\geqslant$	0.85			

注：隔热性能应根据产品设计采用配套底漆、面漆和罩面漆等复合涂层进行检测。

3.4 配套材料

3.4.1 底漆应符合现行行业标准《建筑内外墙用底漆》JG/T 210 的有关规定。

3.4.2 腻子应符合现行行业标准《建筑外墙用腻子》JG/T 157 的有关规定；柔性腻子应符合现行国家标准《外墙柔性腻子》GB/T 23455 的有关规定。

4 设　计

4.1　一般规定

4.1.1　墙体应在满足现行国家标准《民用建筑热工设计规范》GB 50176 中冬季保温防结露的要求后进行隔热设计。隔热涂料在建筑外墙隔热保温工程中应用时,应进行节能设计,宜与其他保温系统组合使用且应符合国家和本市现行建筑节能设计标准的有关规定。

4.1.2　既有建筑隔热保温改造工程应在对既有建筑进行安全、功能和热工性能等进行诊断和预评估的基础上制定改造方案。方案应兼顾建筑外立面的装饰效果,且应满足建筑保温、隔热、防火、防水等要求。

4.1.3　设计应明确基层墙体表面含水量、清洁度、平整度、分隔缝、粘结性等要求。

4.1.4　热辐射阻隔涂料的设计干膜厚度宜控制在 2 mm～ 4 mm。

4.1.5　反射隔热涂料宜选择浅色产品,明度值不应小于 60。当对反射隔热涂料的耐候性、光亮度、耐沾污等有特殊要求时,宜设置罩面漆。

4.2　构造设计

4.2.1　热辐射阻隔涂料的构造层次应由腻子层、底涂层、中涂层和面涂层组成。反射隔热涂料的构造层次应由腻子层、底涂层和面涂层组成。其构造层次和组成材料见表 4.2.1。

表 4.2.1　隔热涂料构造层次和组成材料

构造层		组成材料		构造示意图
		热辐射阻隔涂料	反射隔热涂料	
基本构造	①面涂层	面漆	反射隔热涂料	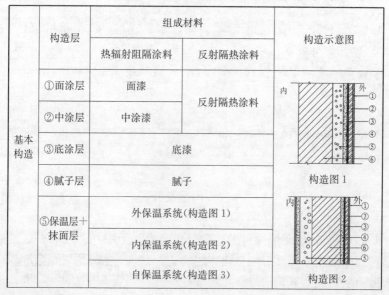
	②中涂层	中涂漆		
	③底涂层	底漆		
	④腻子层	腻子		
	⑤基层	基层		

注：1. 必要时，热辐射阻隔涂料中涂漆与面漆之间可增加界面材料。
　　2. 必要时，反射隔热涂料表面还可增加罩面漆。

4.2.2　与保温系统组合使用时，热辐射阻隔涂料的构造层次应由保温层、抹面层、腻子层、底涂层、中涂层和面涂层组成。反射隔热涂料的构造层次应由保温层、抹面层、腻子层、底涂层和面涂层组成。其构造层次及材料组成见表4.2.2。

图 4.2.2　与保温系统组合使用时的构造层次和组成材料

构造层		组成材料		构造示意图
		热辐射阻隔涂料	反射隔热涂料	
基本构造	①面涂层	面漆	反射隔热涂料	
	②中涂层	中涂漆		
	③底涂层	底漆		构造图1
	④腻子层	腻子		
	⑤保温层+抹面层	外保温系统(构造图1)		
		内保温系统(构造图2)		构造图2
		自保温系统(构造图3)		

构造层	组成材料		构造示意图
	热辐射阻隔涂料	反射隔热涂料	
基本构造 ⑥基层	混凝土墙体或各种砌体墙体		 构造图3

注:1. 必要时,热辐射阻隔涂料中涂漆与面漆之间可增加界面材料。
　　2. 必要时,反射隔热涂料表面还可增加罩面漆。

4.2.3 隔热涂料应用于建筑外墙时,宜结合建筑造型设置分隔缝,并应采用下列措施防止雨水沾污墙面:

　　1 檐口、窗台、线脚等构造应设置滴水线(槽)。

　　2 女儿墙、阳台栏杆压顶的顶面应设有向内侧的泛水坡。

　　3 坡屋面檐口出挑应超出外墙面。

4.2.4 应做好隔热涂料涂装基层的密封和防水构造设计。雨篷、阳台、勒脚等部位应做好防水处理。

4.2.5 对既有建筑墙面进行隔热保温改造时,基层处理应符合下列规定:

　　1 涂料饰面,宜将原有饰面去除,并铲除酥松部位后采用水泥砂浆修补至符合涂饰施工要求。

　　2 面砖或马赛克等饰面,应将饰面空鼓或酥松部位铲除并修补,整体应采用界面剂进行处理,界面剂与旧饰面粘接强度不应小于 0.4 MPa。

　　3 清水混凝土、素砖墙面、水刷石等饰面应采用界面剂进行处理,界面剂与旧结合层的粘接强度不应小于 0.4 MPa。

4.3 热工设计

4.3.1 外墙使用热辐射阻隔涂料进行隔热保温设计时,应采用附加热阻进行热工计算,附加热阻按表 4.3.1 进行取值。

表 4.3.1 热辐射阻隔涂料的附加热阻取值

产品	等级	附加热阻值[(m² · K)/W]
热辐射阻隔涂料	Ⅰ级	0.36
	Ⅱ级	0.24

4.3.2 使用反射隔热涂料进行节能设计时,应重点关注建筑夏季空调节能,并应兼顾冬季采暖能耗。围护结构热工性能应在不考虑反射隔热涂料节能效果情况下满足冬季节能设计要求,建筑能耗指标应采用污染后的太阳光反射比进行计算。

5 施 工

5.1 一般规定

5.1.1 隔热涂料、底漆和腻子宜采用同一家企业生产的产品。施工单位应委托第三方检测机构对隔热涂料、底漆、腻子进行相容性检测,检测合格后,方可用于墙面施工。

5.1.2 隔热涂料涂饰工程应根据建筑工程情况、涂饰要求、基层条件、施工平台及涂装机械等编制涂饰工程施工方案,施工人员必须经培训合格后方能上岗。

5.1.3 施工环境温度应在 5℃~35℃,空气相对湿度宜小于85％;当遇大雾、风力大于 5 级、下雨、下雪时,应停止施工并做好成品保护。

5.1.4 施工应符合现行国家标准《涂装作业安全规程 涂漆工艺安全及其通风》GB 6514 及《涂装作业安全规程 安全管理通则》GB 7691 的规定。施工过程中,操作人员应做好劳动保护,并采取措施控制对环境的影响。

5.1.5 施工应在基层验收合格后进行,基层的平整度、清洁度除应符合现行国家标准《建筑装饰装修工程质量验收标准》GB 50210 的规定,也应符合上海市工程建设规范《建筑墙面涂料涂饰工程技术标准》DG/TJ 08—504—2021 第 5.1.2 条的规定。

5.1.6 施工用材料的备料和存放应符合下列规定:

　　1 所用材料应有产品质量保证书、合格证以及第三方检测机构出具的合格型式检验报告或满足本标准第 3 章规定的材料性能要求检测报告。

　　2 应根据选定的品种、工艺要求,结合实际面积及材料单耗和损耗,确定备料量。所用材料应按品种、批号、颜色分别堆放。

3 应根据设计选定的颜色,以色卡定货。超越色卡范围时,应由设计者提供颜色样板,并取得建设方认可,不得任意更改或代替。

5.1.7 大面积施工前,应在现场采用相同材料和工艺,按照相同的工序要求,由施工人员制作样板墙,并经验收合格后方可进行施工。

5.1.8 配料及操作地点的环境条件应符合下列规定:

1 配料及操作地点应整洁,保持通风。

2 配料过程中应采取措施防止对周围环境造成污染;未用完的材料应密封保存,不得泄露或溢出。

5.1.9 施工前应根据工艺要求配备涂饰机具和计量器具。

5.2 施工工艺

5.2.1 热辐射阻隔涂料的施工工序应符合表 5.2.1 的规定。

表 5.2.1 热辐射阻隔涂料的施工工序

序号	工序名称
1	清理基层
2	填补缝隙、刮腻子,磨平
3	涂饰底漆
4	批刮或喷涂热辐射阻隔中涂漆
5	涂饰底漆(必要时)
6	涂饰面漆

注:面漆的施工工序应符合上海市工程建设规范《建筑墙面涂料涂饰工程技术标准》
　　DG/TJ 08—504—2021 第 5.2 节的有关规定。

5.2.2 平涂型反射隔热涂料的施工工序应符合表 5.2.2-1 的规定。质感型反射隔热涂料的施工工序应符合表 5.2.2-2 的规定。

表 5.2.2-1　平涂型反射隔热涂料的施工工序

序号	工序名称
1	清理基层
2	填补缝隙、刮腻子,磨平
3	涂饰底漆
4	涂饰平涂型反射隔热涂料

注:平涂型反射隔热涂料的施工工序应符合上海市工程建设规范《建筑墙面涂料涂饰工程技术标准》DG/TJ 08—504—2021第5.2节的有关规定。

表 5.2.2-2　质感型反射隔热涂料的施工工序

序号	工序名称
1	清理基层
2	填补缝隙、刮腻子,磨平
3	涂饰底漆
4	根据设计进行分格
5	喷涂质感型反射隔热涂料

注:质感型反射隔热涂料的施工工序应符合上海市工程建设规范《建筑墙面涂料涂饰工程技术标准》DG/TJ 08—504—2021第5.2节的有关规定。

5.2.3 隔热涂料每一道涂层材料应涂饰均匀,各层涂层间必须结合牢固,对有特殊要求的涂饰工程可根据设计要求增加面漆涂饰次数。

5.3　腻子施工

5.3.1 应按产品说明书拌制腻子。涂刮腻子应分层进行,涂刮层数宜为2道~3道。每道腻子厚度不应大于2 mm。腻子与基层及腻子层间应粘结牢固。

5.3.2 两道腻子施工间隔时间应根据环境温湿度确定,且不宜少于24 h。

5.3.3 腻子打磨后应扫除粉尘,最后一道腻子应打磨至平整。

腻子墙面经检查符合要求后方可进行涂料施工。

5.4 底漆施工

5.4.1 底漆施工前,应检查腻子层,确认符合要求后方可进行底漆施工。

5.4.2 施工时,用辊筒或排笔蘸取底漆,刷于墙上;先小面后大面、从上而下进行;应确保无漏底、无流挂。

5.4.3 工程中出现局部修补时,修补处应待墙体干燥后再重涂底漆,不得直接在漏刷底漆的部位涂刷下一道涂料。

5.5 热辐射阻隔涂料施工

5.5.1 底漆施工完成后,应除去浮尘,再进行热辐射阻隔涂料施工。热辐射阻隔中涂漆宜采用批涂或喷涂施工。

5.5.2 中涂漆采用批涂施工,当设计干膜厚度为 2 mm 时,第一道应采用锯齿抹刀批涂,第二道应采用平口抹刀收平;当设计干膜厚度大于 2 mm 时,应分多次批涂,每道涂层干膜厚度不应大于 2 mm,各层间应粘结牢固。

5.5.3 中涂漆采用喷涂施工,当设计干膜厚度为 2 mm 时,可一次喷涂成型,也可分多次喷涂;当设计干膜厚度大于 2 mm 时,应分多次喷涂,每道涂层干膜厚度宜小于 2 mm。

5.5.4 中涂漆的重涂时间间隔不宜少于 8 h;至下一道工序施工间隔时间一般不宜少于 24 h,应达到实干。若对平整度要求高,热辐射阻隔涂料中涂可进行适当磨平,清除表面浮灰后再使用界面漆(底漆)进行辊涂处理,以确保和下一道涂层的粘结性。

5.5.5 面漆的施工应符合现行上海市工程建设规范《建筑墙面涂料涂饰工程技术标准》DG/TJ 08—504—2021 第 5.2 节的有关规定。

5.6 反射隔热涂料施工

5.6.1 底漆施工完成后,应除去浮尘,再进行反射隔热涂料施工。同一墙面应采用同一批号的反射隔热涂料,并应按照产品说明书要求进行施工。

5.6.2 采用辊涂或刷涂施工时,辊筒或涂料刷每次蘸料后宜在匀料板上来回滚匀或在桶边舔料,涂膜不应过厚或过薄,应充分盖底,不透虚影,表面应均匀;采用喷涂施工时,应控制涂料黏度和喷枪的压力,保持涂层厚薄均匀,不漏底、不流坠、色泽均匀,确保涂层的厚度。

5.6.3 涂料施工应由建筑物自上而下、顺同一方向进行;施工分段应以墙面分格缝、墙面阴阳角或落水管为分界线,并应处理好接茬部位。

5.7 成品保护

5.7.1 雨季施工时应采取有效的防雨措施,夏季施工时宜搭设防晒布帘等避免阳光暴晒。施工后应根据产品特点,采取必要的成品保护措施。

5.7.2 被污染的部分,应在涂饰材料未干前及时清除。

6 质量验收

6.1 一般规定

6.1.1 隔热涂料涂饰工程施工质量验收应符合现行国家标准《建筑装饰装修工程质量验收标准》GB 50210、现行行业标准《建筑涂饰工程施工及验收规程》JGJ/T 29 及现行上海市工程建设规范《建筑墙面涂料涂饰工程技术标准》DG/TJ 08—504 和《建筑节能工程施工质量验收规程》DGJ 08—113 的规定。

6.1.2 检验批划分应符合现行上海市工程建设规范《建筑节能工程施工质量验收规程》DGJ 08—113 的有关规定。

6.1.3 应对隔热涂料附着的基层及表面处理进行隐蔽工程验收,并应有下列内容的详细文字记录和图像资料:

    1 基层表观情况及其表面处理。

    2 墙体脚手架眼、孔洞处理。

    3 腻子层的施工。

6.1.4 隔热涂料涂饰工程竣工验收应提供下列资料,并应纳入竣工技术档案:

    1 隔热涂料涂饰工程的施工图、设计说明及其他相关文件。

    2 隔热涂料及配套材料的质量证明文件、型式检验报告或满足本标准第 3 章规定的材料性能要求的检测报告、进场检验记录、进场核查记录、进场复验报告。

    3 围护结构基层验收资料。

    4 隐蔽工程验收记录和相关图像资料。

    5 施工单位资质、涂饰工程施工方案等资料。

    6 监理单位对涂饰工程质量控制数据或建筑节能专项质量

评估报告。

    7   其他对涂饰工程质量有影响的重要技术记录文件。

6.1.5   主控项目和一般项目应全部合格。一般项目当采用计数检验时,至少应有 90％以上的检查点合格,且其余检查点不得有严重缺陷。

6.2   主控项目

6.2.1   热辐射阻隔涂料、反射隔热涂料及配套材料进场时应提供有效期内的型式检验报告(或产品检测报告),品种、性能以及面漆颜色应符合设计及本标准第 3 章的规定。

    检查方法:核查质量证明文件,包括产品合格证、出厂检测报告和有效期内的型式检验报告,或满足本标准第 3 章规定的材料性能要求的检测报告、相容性检测报告等。

    检查数量:按进场批次,每批次随机抽取 3 个试样进行检查;质量证明文件应按照其产品检验批进行核查。

6.2.2   热辐射阻隔涂料和反射隔热涂料进场后,应按表 6.2.2 的规定进行见证抽样复验。

表 6.2.2   隔热涂料进场复验项目

材料名称	复验项目
热辐射阻隔中涂漆	粘结强度、密度、附加热阻
反射隔热涂料	太阳光反射比、近红外反射比、污染后太阳光反射比

    检查方法:见证取样送有资质的第三方检测机构检测,检查复验报告。

    检查数量:同厂家、同品种产品,按照扣除门窗洞后的墙面面积,在 5 000 m^2 以内时应复验 1 次;当面积增加时,每增加 5 000 m^2 应增加 1 次。同工程项目、同施工单位且同时施工的多个单位工程(群体建筑),可合并计算保温墙面抽检面积。

6.2.3 热辐射阻隔涂料的施工应符合下列规定：

1 热辐射阻隔涂料的厚度应均匀一致,符合本标准和设计要求。

检查方法:热辐射阻隔涂料涂层实干后进行,采用现场钢针插入或剖开法,用游标卡尺进行现场厚度测量;必要时,应按照上海市工程建设规范《建筑围护结构节能现场检测技术标准》DG/TJ 08—2038—2021 第 17 章的要求,采用钻芯法进行现场厚度检测,厚度测量时宜采用游标卡尺进行。核查施工记录和隐蔽工程验收记录。

检查数量:每个检验批抽查不少于 3 处。

2 热辐射阻隔涂料与基层必须粘结牢固,无剥落和空鼓现象。

检查方法:用小锤轻击和观察检查。

检查数量:全数检查。

6.2.4 反射隔热涂料施工完成后应由建设单位委托有资质的第三方检测机构对饰面层进行太阳光反射比和近红外反射比现场实体检验,现场检测值不应低于设计值的 90%。

检查方法:依据上海市工程建设规范《建筑围护结构节能现场检测技术标准》DG/TJ 08—2038—2021 第 8 章的要求。

检查数量:同厂家、同品种产品,按照扣除门窗洞后的墙面面积,在 5 000 m² 以内时应复验 1 次;当面积增加时,每增加 5 000 m² 应增加 1 次。同工程项目、同施工单位且同时施工的多个单位工程(群体建筑),可合并计算保温墙面抽检面积。

6.2.5 隔热涂料涂饰工程的基层和构造做法应符合设计和施工方案的规定。

检查方法:核查隐蔽工程验收资料。

检查数量:全数检查。

6.2.6 隔热涂料涂饰工程应涂饰均匀、粘结牢固,不得漏涂、透底、开裂、起皮和掉粉。

检查方法:观察,必要时手摸检查。

检查数量:全数检查。

6.3 一般项目

6.3.1 进场的热辐射阻隔涂料、反射隔热涂料及配套材料的外观和包装应完整、无破损。

检查方法:观察。

检查数量:全数检查。

6.3.2 涂饰工程质量应符合表6.3.2的规定。

表6.3.2 涂饰工程质量

序号	项目	涂饰质量	检查方法
1	颜色	均匀一致	观察
2	光泽	均匀一致	
3	泛碱、咬色	不允许	
4	流坠、疙瘩	不允许	
5	漏刷、透底	不允许	
6	砂眼、刷纹	无砂眼、无刷纹	
7	装饰线、分色线直线度允许偏差	2 mm	拉5 m线,不足5 m拉通线,用钢直尺检查

附录 A 质感型反射隔热涂料太阳光反射比、近红外反射比及明度测试方法

A.1 检测设备和方法

应符合现行国家标准《建筑用反射隔热涂料》GB/T 25261 中对仪器设备和方法的要求。

A.2 实验室检测的试板制备及养护

施涂工具、施涂工艺、配套体系要求按照涂料供应商的要求进行,底材采用行业标准《建筑反射隔热涂料》JG/T 235—2014 规定的铝合金板,尺寸为 200 mm × 200 mm × (0.8~1.2)mm,共 3 块。试板制备完成应保证涂膜表面均匀,无明显气泡、裂纹等缺陷,最终干膜厚度不低于 0.15 mm。试板在国家标准《色漆和清漆 标准试板》GB/T 9271—2008 规定的试验条件下养护 168 h。

A.3 太阳光反射比、近红外反射比及明度的测定

将仪器开机预热至稳定,设置仪器参数,使用仪器配备的标准白板进行基线校准,然后移开白板,将测量口端口紧贴试板的涂层面,避免光线泄漏。

对于单一色彩的样品,在每块试板涂层表面平均分布的至少 5 个位置进行测量并记录太阳光反射比、近红外反射比及 L^* 值。

对于具有不同颜色彩点的样品,应对涂层表面平均分布的至

少 10 个位置进行测量,并记录太阳光反射比、近红外反射比及 L^* 值。测点布置如图 A. 3 所示,将样板平均分割为 16 个测试区域,分别在区域中心选择测点,每个测点间距应不小于 50 mm。

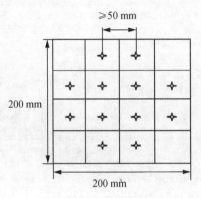

图 A. 3　测点布置图

A. 4　结果处理

取 3 块试板测量结果的算术平均值作为最终结果,太阳光反射比及近红外反射比精确至 0. 01,L^* 值精确至 0. 1。

附录 B 热辐射阻隔涂料附加热阻测试方法

B.1 设备及材料

B.1.1 仪器设备及装置

应符合现行国家标准《绝热 稳态传热性质的测定 标定和防护热箱法》GB/T 13475 中对仪器设备和装置的要求。

B.1.2 基层墙体

采用铝蜂窝复合板作为测试基墙,基墙构造为两侧水泥纤维板复合铝蜂窝,中间复合岩棉条保温材料。测试基墙的传热系数应达$(0.75\pm0.10)\text{W}/(\text{m}^2 \cdot \text{K})$。

B.2 试 样

B.2.1 试样数量应为1个。

B.2.2 按照产品说明书的要求将底涂均匀涂刷到基层墙体的一个侧面,养护1 h~2 h后将热辐射阻隔涂料在容器中搅拌混合均匀,按照产品说明书的要求施涂在基墙上。宜采用多道制膜方式进行,确保干膜厚度达到$(3\pm1)\text{mm}$。在室温条件下养护14 d,观察涂层表面质量,涂层应保证均匀平整。

B.3 测试步骤

B.3.1 应按现行国家标准《绝热 稳态传热性质的测定 标定和防护热箱法》GB/T 13475 测试基层墙体的传热系数 K_0。

B.3.2 应按本附录 B.2.2 的规定制备试样,按现行国家标准《绝热 稳态传热性质的测定 标定和防护热箱法》GB/T 13475 的规定测试涂覆热辐射阻隔涂料基墙试样的传热系数 K_i。

B.4 结果计算

附加热阻应按式(B.4)计算,精确至 $0.01(\text{m}^2 \cdot \text{K})/\text{W}$。

$$R = \frac{1}{K_i} - \frac{1}{K_0} \qquad (\text{B.4})$$

式中:R——热辐射阻隔涂料的附加热阻$[(\text{m}^2 \cdot \text{K})/\text{W}]$;

K_0——基层墙体的传热系数$[\text{W}/(\text{m}^2 \cdot \text{K})]$;

K_i——涂覆热辐射阻隔涂料基层墙体试样的传热系数$[\text{W}/(\text{m}^2 \cdot \text{K})]$。

本标准用词说明

1　为便于在执行本标准条文时区别对待,对要求严格程度不同的用词说明如下:

1)表示很严格,非这样做不可的用词:
正面词采用"必须";
反面词采用"严禁"。

2)表示严格,在正常情况下均应该这样做的用词:
正面词采用"应";
反面词采用"不应"或"不得"。

3)表示允许稍有选择,在条件许可时首先应这样做的用词:
正面词采用"宜";
反面词采用"不宜"。

4)表示有选择,在一定条件下可以这样做的用词,采用"可"。

2　本标准中指明应按其他有关标准执行的写法为"应符合……的规定"或"应按……执行"。

引用标准名录

1 《漆膜、腻子膜柔韧性测定法》GB/T 1731

2 《建筑玻璃　可见光透射比、太阳光直接透射比、太阳能总透射比、紫外线透射比及有关窗玻璃参数的测定》GB/T 2680

3 《涂装作业安全规程　涂漆工艺安全及其通风》GB 6514

4 《色漆和清漆　密度的测定　比重瓶法》GB/T 6750

5 《涂装作业安全规程　安全管理通则》GB 7691

6 《色漆和清漆　标准试板》GB/T 9271

7 《绝热材料稳态热阻及有关特性的测定　防护热板法》GB/T 10294

8 《绝热材料稳态热阻及有关特性的测定　热流计法》GB/T 10295

9 《绝热　稳态传热性质的测定　标定和防护热箱法》GB/T 13475

10 《涂料产品包装通则》GB/T 13491

11 《建筑用墙面涂料中有害物质限量》GB 18582

12 《外墙柔性腻子》GB/T 23455

13 《涂料中苯、甲苯、乙苯和二甲苯含量的测定　气相色谱法》GB/T 23990

14 《涂料中可溶性有害元素含量的测定》GB/T 23991

15 《水性涂料中甲醛含量的测定　乙酰丙酮分光光度法》GB/T 23993

16 《建筑用反射隔热涂料》GB/T 25261

17 《涂料中有害元素总含量的测定》GB/T 30647

18 《水性涂料　表面活性剂的测定　烷基酚聚氧乙烯醚》GB/T 31414

19 《民用建筑热工设计规范》GB 50176

20 《建筑装饰装修工程质量验收标准》GB 50210

21 《合成树脂乳液砂壁状建筑涂料》JG/T 24

22 《建筑涂饰工程施工及验收规程》JGJ/T 29

23 《建筑外墙用腻子》JG/T 157

24 《建筑内外墙用底漆》JG/T 210

25 《建筑反射隔热涂料》JG/T 235

26 《建筑反射隔热涂料应用技术规程》JGJ/T 359—2015

27 《建筑节能工程施工质量验收规程》DGJ 08—113

28 《建筑墙面涂料涂饰工程技术标准》DG/TJ 08—504

29 《建筑围护结构节能现场检测技术标准》DG/TJ 08—2038—2021

标准上一版编制单位及人员信息

DG/TJ 08—2200—2016

主 编 单 位：上海市建筑科学研究院
　　　　　　上海市绿色建筑协会
参 编 单 位：上海建工第四建筑集团有限公司
　　　　　　上海建科检验有限公司
参 加 单 位：威士伯上海企业管理有限公司
　　　　　　上海大通会幕新型节能材料有限公司
　　　　　　阿克苏诺贝尔太古油漆(上海)有限公司
　　　　　　浙江华特实业集团华特化工有限公司
　　　　　　苏州大乘环保建材有限公司
　　　　　　上海墙特节能材料有限公司
　　　　　　上海雷恩节能建材有限公司
　　　　　　上海斯惠涂料有限公司
　　　　　　上海萌砖节能材料科技有限公司(美国唐爱的
　　　　　　屋公司中国总部)
　　　　　　上海宇培特种建材有限公司
主要起草人：徐　强　邱　童　张　俊　倪　钢　杨　霞
　　　　　　谷志旺　胡晓珍　邢大庆　夏文丽　熊　荣
　　　　　　杨宇奇　林左峰

上海市工程建设规范

建筑隔热涂料应用技术标准

DG/TJ 08—2200—2024
J 13430—2024

条 文 说 明

2024　上海

目 次

Content

1 总　则

1.0.1　建筑隔热涂料按照隔热机理不同,可分为阻隔型、反射型和辐射型。气凝胶隔热涂料兼具阻隔和辐射的隔热特性,具有中远红外波段发射率高和低传导等特点,属于热辐射阻隔涂料,是国家鼓励推广的战略新材料。该产品具有厚度薄、绝热效果好、轻质、安全、环保等优点,能有效降低建筑能耗。目前市面上已有成熟产品,但是尚无相应的国家及行业标准指导应用,严重阻碍产品的推广应用。因此,为了规范隔热涂料新技术新产品的推广应用,特将热辐射阻隔涂料产品纳入标准要求,以促进隔热涂料行业的健康发展。

1.0.2　本条规定了建筑隔热涂料的适用范围。本标准对隔热涂料在新建、扩建、改建及既有建筑改造的建筑外墙隔热保温工程中的使用作了规定,同样适用于隔热涂料用于保温装饰一体化外墙系统。若隔热涂料用于建筑物内墙,可参考本标准的要求执行,但必须整体考虑整个墙体的传热系数及相关热工参数,以免出现内墙结露等问题。

1.0.3　建筑隔热涂料在建筑外墙隔热保温工程中的应用,除应执行本标准外,还应符合《建筑反射隔热涂料》JG/T 235、《建筑用反射隔热涂料》GB/T 25261、《建筑节能与可再生能源利用通用规范》GB 55015 和《建筑节能工程施工质量验收规程》DGJ 08—113 等国家、行业和本市现行有关标准的规定。

2 术 语

2.0.2 本标准规定的热辐射阻隔涂料并不限定于某种气凝胶隔热涂料或者纳米陶瓷微粉隔热涂料,只要满足相应的技术要求,均可纳入。热辐射阻隔涂料常包括中涂漆和面涂,中涂漆常为厚质涂料,具有中远红外发射率高和低传导等特点。

2.0.3 建筑反射隔热涂料基本定义。依据国家标准《建筑用反射隔热涂料》GB/T 25261—2018,根据装饰特点将建筑反射隔热涂料分为平涂型反射隔热涂料和质感型反射隔热涂料。与产品相关的技术指标,如太阳光反射比、半球发射率等均在产品标准中已有解释,本标准将不再进行术语解释。

2.0.4 平涂型反射隔热涂料的类型主要包括合成树脂乳液外墙涂料、建筑弹性涂料、水性氟树脂涂料等。

2.0.5 目前建筑外墙涂料市场上以砂壁状涂料、水性多彩涂料、弹性质感涂料等具有非均一颜色及质感的涂料为主流产品。而反射隔热涂料在满足隔热性能要求的前提下,也能制备出具备上述装饰效果的产品,但是技术指标和检测方法与平涂型反射隔热涂料有差别,故分开规定。

2.0.6 附加热阻是为了直观评价热辐射阻隔涂料的节能效果而定义的性能参数。

3 材 料

3.1 一般规定

3.1.1 与国家标准《建筑用墙面涂料有害物质限量》GB 18582—2020 相比,上海市团体标准《建筑外墙涂料》T/SHHJ 000052—2023 中有害物质限量的要求更加严格。为了体现上海涂料技术的先进性和引领性,本标准中隔热涂料和底漆的有害物质限量要求依据《建筑外墙涂料》T/SHHJ 000052—2023 的规定。表 3.1.1 中的技术要求和《建筑外墙涂料》T/SHHJ 000052—2023 内容一致。

3.1.2 隔热涂料与配套材料之间的组分不同,当配套使用时,成分中物质可能会发生有害的物理和化学作用,导致涂层出现各种病态现象。因此,本标准对隔热涂料和配套材料的相容性作了规定,可有效解决材料之间的不相容问题。

3.2 热辐射阻隔涂料

3.2.2 现有的热辐射阻隔中涂漆主要通过添加气凝胶微粉、纳米陶瓷微粉等功能填料来实现高发射率和低热导,从而达到隔热保温的作用。但是目前尚无相关国家及行业标准指导应用。因此,编制组设计了验证试验方案,物理性能结合国家标准《建筑用反射隔热涂料》GB/T 25261—2018 中表 4 的规定,关于中涂漆功能性要求则按照上述标准表 1 中的项目进行试验对比。标准编制组收集了 12 个不同厂家的产品进行对比测试,测试结果如表 2 所示。从测试结果可以看出,12 个产品的基本物理性能均能满足《建筑用反射隔热涂料》GB/T 25261—2018 中表 4(除粘结强度外)的要求。

表 1 热辐射阻隔涂料中涂功能性要求测试项目

项目	试验方法
粘结强度(MPa)	JG/T 24
柔韧性	GB/T 1731
密度(g/mL)	GB/T 6750
垂直发射率	GB/T 2680
导热系数(25℃)[W/(K·m)]	GB/T 10295 或 GB/T 10294

密度、导热系数和粘结强度的测试结果数据分析如图 1 所示。

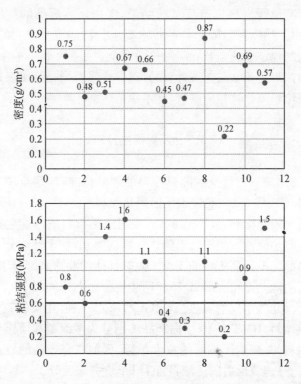

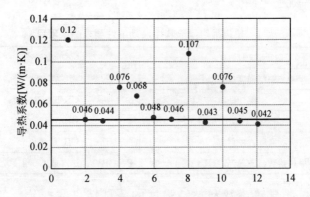

图1 密度、导热系数和粘结强度的测试结果数据分析

标准编制组根据验证试验结果,考虑地方标准的技术先进性,提出了热辐射阻隔涂料的技术要求。特别需要说明的是,本标准同时规定导热系数和附加热阻两个表征热工性能的参数,其中附加热阻是要参与热工计算的,而导热系数则是为了表征热辐射阻隔涂料隔热特性的参数,并不参与热工计算。

3.3 反射隔热涂料

3.3.1、3.3.2 现行反射隔热涂料的产品标准有《建筑用反射隔热涂料》GB/T 25261、《建筑反射隔热涂料》JG/T 235、《建筑外表面用反射隔热涂料》JC/T 1040。反射隔热涂料的性能包括物理性能和隔热性能。根据反射隔热涂料的类别,物理性能分别满足对应产品标准最高等级的要求。隔热性能的要求则部分引用《建筑用反射隔热涂料》GB/T 25261 的相关规定,原因如下:

1《建筑用反射隔热涂料》GB/T 25261 和《建筑外表面用反射隔热涂料》JC/T 1040 根据产品类别分为平涂型和质感型反射隔热涂料,并规定了不同的技术指标,更加符合产品的特点和技术水平。《建筑反射隔热涂料》JG/T 235 并未区分。

表 2 热辐射阻隔涂料中涂验证试验结果

序号	在容器中状态	施工性	涂膜外观	低温稳定性（3 次循环）	干燥时间（表干）(h)	耐水性（96 h）	耐碱性（48 h）	涂层耐温变性（3 次循环）	粘结强度（标准状态下）(MPa)	柔韧性	密度(g/cm³)	导热系数(1 cm)[W/(m·K)]	垂直发射率
1	搅拌后无硬块、呈均匀状态	施涂无障碍	正常	不变质	1	无异常	无异常	起泡	0.8	直径 100 mm 无裂纹	0.75	0.120	0.992
2	搅拌后无硬块、呈均匀状态	施涂无障碍	正常	不变质	2	无异常	无异常	起泡	0.6	直径 100 mm 无裂纹	0.48	0.046	0.995
3	搅拌后无硬块、呈均匀状态	施涂无障碍	正常	不变质	1	无异常	无异常	无异常	1.4	直径 100 mm 无裂纹	0.51	0.044	0.992
4	搅拌后无硬块、呈均匀状态	施涂无障碍	正常	不变质	1.5	无异常	无异常	无异常	1.6	直径 100 mm 无裂纹	0.67	0.076	0.994
5	搅拌后无硬块、呈均匀状态	施涂无障碍	正常	不变质	1	无异常	无异常	无异常	1.1	直径 100 mm 无裂纹	0.66	0.068	0.992

序号	在容器中状态	施工性	涂膜外观	低温稳定性（3次循环）	干燥时间（表干）(h)	耐水性（96 h）	耐碱性（48 h）	涂层耐温变性（3次循环）	粘结强度（标准状态下）(MPa)	柔韧性	密度(g/cm³)	导热系数(1 cm)[W/(m·K)]	垂直发射率
6	搅拌后无硬块，呈均匀状态	施涂无障碍	正常	不变质	1	无异常	无异常	无异常	0.4	直径100 mm 无裂纹	0.45	0.048	0.993
7	搅拌后无硬块，呈均匀状态	施涂无障碍	正常	不变质	1	无异常	无异常	起泡	0.3	直径100 mm 无裂纹	0.47	0.046	0.995
8	搅拌后无硬块，呈均匀状态	施涂无障碍	正常	不变质	1	无异常	无异常	无异常	1.1	直径100 mm 无裂纹	0.87	0.107	0.961
9	搅拌后无硬块，呈均匀状态	施涂无障碍	正常	不变质	0.5	无异常	无异常	无异常	0.2	直径100 mm 无裂纹	0.22	0.043	0.993
10	搅拌后无硬块，呈均匀状态	施涂无障碍	正常	不变质	1.5	无异常	无异常	无异常	0.9	直径100 mm 无裂纹	0.69	0.076	0.995

续表2

序号	在容器中状态	施工性	涂膜外观	低温稳定性（3次循环）	干燥时间（表干）(h)	耐水性（96 h）	耐碱性（48 h）	涂层耐温变性（3次循环）	粘结强度（标准状态下）(MPa)	柔韧性	密度(g/cm³)	导热系数(1 cm)[W/(m·K)]	垂直发射率
11	搅拌后无硬块，呈均匀状态	施涂无障碍	正常	不变质	1	无异常	无异常	无异常	1.5	直径100 mm无裂纹	0.57	0.045	0.995
12	搅拌后无硬块，呈均匀状态	施涂无障碍	正常	不变质	1	无异常	无异常	无异常	0.6	直径100 mm无裂纹	0.65	0.042	0.995

2 《建筑反射隔热涂料》JG/T 235 在中明度区间内的太阳光反射比指标不合理,而 2018 年实施的《建筑用反射隔热涂料》GB/T 25261 针对这个问题进行了调整,使得中明度区间内的隔热性能指标更加合理。但是《建筑用反射隔热涂料》GB/T 25261 中针对反射隔热质感面漆的测试方法还是引用《建筑反射隔热涂料》JG/T 235 的内容,测试方法存在不足,所以还是保留原规程附录 A 的测试方法。

3 《建筑外表面用反射隔热涂料》JC/T 1040 的隔热性能的测试方法均是标准规定的附录要求,与另外两个产品标准均不同,不利于开展产品性能检测评价。

现有的反射隔热涂料产品标准中给出了污染后太阳光反射比变化率,而节能设计需要直接选用污染后的太阳光反射比,因此本标准采用污染后太阳光反射比的指标代替了变化率。另外,本标准将明度值提高到 60,主要是考虑到明度值小于 60 的产品颜色已经较深,并非浅色产品。同时行业标准《建筑反射隔热涂料应用技术规程》JGJ 359—2015 规定反射隔热涂料在外墙使用时,污染后太阳光反射比应大于或等于 0.50,而明度值小于 60 的产品污染后太阳光反射比很难达到此要求。

4 设 计

4.1 一般规定

4.1.1 隔热涂料只能作为辅助保温来实现建筑整体的节能率，因此隔热涂料在使用的过程中需要与各种类型的保温体系组合使用。

4.1.2 既有建筑节能改造应先进行现状诊断和改造效果预评估，综合考虑保温、隔热、防火、防水等要求制定改造方案。

4.1.4 虽然热辐射阻隔涂料的厚度与保温隔热效果有着密切的关系，但是厚度过大容易出现开裂、脱落等质量问题，因此本标准规定设计干膜厚度不宜小于 2 mm，最大厚度不宜大于 4 mm，以保证墙体的传热系数满足设计要求。

4.1.5 反射隔热涂料明度值越高，隔热节能效果越好。明度值小于 60 时，反射隔热涂料的节能效果有限，不建议使用。面漆的颜色选择与其隔热节能效果直接相关，不同明度的反射隔热涂料具有不同的节能计算参数，并纳入整体节能计算，因此选用的颜色应给予明确固定。隔热涂料工程应用应采用配套体系才能达到最佳的隔热效果；罩面层有利于提高涂料的耐沾污性。

4.2 构造设计

4.2.1 本条给出了使用隔热涂料时的基本构造。热辐射阻隔中涂漆与饰面漆之间增加界面层（底漆）有助于提高热辐射阻隔中涂漆和面漆之间的匹配性。罩面漆有助于提高面漆的耐沾污性，选用高明度反射隔热涂料宜配套采用罩面漆。

4.2.2 本条给出了隔热涂料与保温系统组合使用时的构造方式。图4.2.2给出了目前常用三种保温系统的构造方式,当组合其他类型保温系统时,条件合适的情况下也适用。

4.2.3 本条规定了防止雨水沾污墙面的节点构造设计。

4.2.4 本条规定了隔热涂料涂装基层防水设计。基层做好防水处理对保证隔热涂料涂层质量非常重要。

4.2.5 旧墙面节能改造采用隔热涂料时,基层处理是关键,对不同基层进行处理达到粘结强度要求后实施改造。

4.3 热工设计

4.3.1 热辐射阻隔涂料采用附加热阻进行节能设计时,可按本标准表4.2.2进行取值,表中的附加热阻值不包含空气换热阻。本标准规定的附加热阻测试方法可辨识热辐射阻隔涂料与普通涂料,标准编制组测试对比了不同厚度、不同涂层系统的附加热阻,根据测试结果比对,提出了热辐射阻隔涂料附加热阻的技术要求。

4.3.2 本条规定采用反射隔热涂料进行节能设计时,取污染后的太阳光反射比进行计算。但需要指出的是,墙体不得同时采用等效热阻,以避免隔热涂料效果的重复计算。外墙表面通常会采用不同色彩的装饰线条或不同颜色,考虑计算的复杂度以及对整体节能设计的影响,若存在少量装饰线条,则忽略其对整体隔热性能的影响;若不同楼层有大面积不同明度色彩,则应通过面积加权平均的方法计算墙面平均太阳光反射比。

5 施 工

5.1 一般规定

5.1.2 隔热涂料涂饰工程首先应编制施工方案,施工人员必须持证上岗。

5.1.3 本条规定了隔热涂料涂饰工程涂装施工环境条件。任何涂层在成膜前不能受潮、不能沾污。根据涂料的品种特性,注意施工温度、湿度等因素,如遇异常情况严禁施工。

5.1.4 本条规定了隔热涂料涂饰施工保护措施。这是保证产品在竣工后正常使用的必要措施,不容忽视。

5.1.5 本条规定了隔热涂料的施工基层要求。基层处理对最终涂层质量影响很大,必须验收合格后方可进行涂料施工。

5.1.6 本条规定了施工单位对涂层材料的备料和存放要求。

5.1.7 为了便于核对颜色及构造,隔热涂料施工前需制作"样板墙"。

5.1.8 本条规定了配料及操作地点的环境条件要求。

5.2 施工工艺

5.2.1 本条规定了热辐射阻隔涂料施工工序。热辐射阻隔涂料因特殊的纳米结构,可能会和装饰面漆存在不相容的情况,因此需要增加界面层(或底漆)来提高涂层之间的相容性。

5.2.2 本条规定了反射隔热涂料的施工工序。根据平涂型反射隔热涂料和质感型反射隔热涂料两类分别制定施工工艺。

5.3 腻子施工

5.3.1~5.3.3 腻子施工前要对墙面基层进行验收,避免因墙面基层处理不当、存在空鼓等情况造成腻子层出现质量问题。腻子应分道施工,两道腻子之间的施工间隔一定要保证足够的时间,确保前一道腻子层完全干燥。

5.4 底漆施工

5.4.2、5.4.3 底漆通常是透明涂料,是否上墙不易觉察,因此工程中要确认无漏涂的情况。

5.5 热辐射阻隔涂料施工

5.5.2、5.5.3 热辐射阻隔中涂黏度大,干燥时间慢,单道涂层厚度不宜过大。对于设计干膜厚度大于 2 mm 的工程,需分多次施工,避免因涂层未干透而造成涂层起鼓、开裂等问题。

5.5.4 如果前一道涂层没有干燥完全就进行后一道涂层施工,容易起泡空鼓,影响工程质量。热辐射阻隔中涂漆的重涂间隔时间判定可以采用指触法,按压不明显坍塌即可进行重涂。实干可以用砂纸打磨判定,不粘砂纸即可进行下一道工序。

5.6 反射隔热涂料施工

5.6.1~5.6.3 反射隔热涂料品种较多,如砂壁状反射隔热涂料、反射隔热弹性涂料等,产品施工工艺差别很大,因此应根据具体产品、工程质量标准采用合适的施工方法。

6 质量验收

6.1 一般规定

6.1.1 隔热涂料工程既属于墙体节能分项工程的分部工程,又属于涂饰工程的装修分部工程,故验收时应满足现行国家标准《建筑装饰装修工程质量验收标准》GB 50210、现行上海市工程建设规范《建筑墙面涂料涂饰工程技术标准》DG/TJ 08—504 和《建筑节能工程施工质量验收规程》DGJ 08—113 等标准的有关规定。

6.1.3 本条规定了隐蔽工程的验收要求。

6.1.4 本条规定了隔热涂料涂饰工程的竣工验收资料。

6.1.5 主控项目的主要隔热节能指标必须全部合格。

6.2 主控项目

6.2.1 材料的进场验收是把好材料合格关的重要环节。验收时应对材料的质量证明文件如出厂合格证、出厂检验报告及有效期内的型式检验报告(或产品检测报告)进行核查,其中首先要核查隔热涂料及配套材料的型式检验报告(或产品检测报告)。

6.2.2 隔热涂料进场后复验项目要求。抽样比例应符合现行上海市工程建设规范《建筑节能工程施工质量验收标准》DGJ 08—113 的有关规定。

6.2.3 热辐射阻隔涂料的干膜厚度、粘结性对最终涂层的隔热保温性能及安全性产生重要影响,因此必须在施工完成后进行现场实体检验,合格后方可通过验收。

6.2.4 反射隔热涂料施工完成后应进行现场实体检验,合格后方可通过验收。

6.3 一般项目

6.3.1、6.3.2 一般项目规定了隔热涂料非隔热性能工程质量的现场检查要求。

附录 A　质感型反射隔热涂料太阳光反射比、近红外反射比及明度测试方法

　　质感型反射隔热涂料的隔热性能检测主要难度在于颜色的不均一和涂层质感的不均一。标准编制组通过大量试验,采用平均分布、多次测量的方法测定质感型反射隔热涂料的太阳光反射比、近红外反射比及明度 L^* 值。

　　经过大量试验验证,彩点分布密度小及彩点分布密度大的涂料应对涂层表面平均分布的至少 10 个位置进行测量,并记录太阳光反射比、近红外反射比及明度 L^* 值。

附录 B 热辐射阻隔涂料附加热阻测试方法

本附录依据国家标准《绝热稳态传热性质的测定 标定和防护热箱法》GB/T 13475—2008 分别测得试验基墙的传热系数 K_0 和试验基材与热辐射阻隔涂料的传热系数 K_i，换算成热阻，两个热阻之间的差值作为热辐射阻隔涂料的附加热阻。其计算公式如下：

$$R = \frac{1}{K_i} - \frac{1}{K_0} \tag{1}$$

式中：R——热辐射阻隔涂料的热阻（$m^2 \cdot K/W$）；

K_0——试验基材的传热系数 [$W/(m^2 \cdot K)$]；

K_i——试验基材与热辐射阻隔涂料的传热系数 [$W/(m^2 \cdot K)$]。

经过试验结果对比，施工完毕后涂料养护 14 d、28 d、35 d 后的附热阻测试结果稳定，考虑测试效率等因素，将涂料的养护时间确定为 14 d。

编制组进行验证试验测试时的基墙的具体构造如下：8 mm 水泥纤维板＋25 mm 铝蜂窝＋6 mm 水泥纤维板＋80 mm 岩棉条＋6 mm 水泥纤维板＋25 mm 铝蜂窝＋8 mm 水泥纤维板。